莱 琦 楼 梯（一）

马裕旭 连希勤 吴一冉 李 鹏 包秀梅 编著

中国建材工业出版社

图书在版编目（ＣＩＰ）数据

　　莱琦楼梯．１／马裕旭等编著．-- 北京：中国建材
工业出版社，2015.6
　　ISBN 978-7-5160-0656-6

　　Ⅰ．①莱… Ⅱ．①马… Ⅲ．①楼梯－建筑设计－图集
Ⅳ．① TU229-64

　　中国版本图书馆 CIP 数据核字（2015）第 133434 号

莱琦楼梯（一）

马裕旭 连希勤 吴一冉 李 鹏 包秀梅 编著

出版发行：中国建材工业出版社
地　　址：北京市海淀区三里河路 1 号
邮　　编：100044
经　　销：全国各地新华书店
印　　刷：北京宏伟双华印刷有限公司
开　　本：787 mm x 1092 mm 1/12
印　　张：9
字　　数：230 千字
版　　次：2015 年 6 月第 1 版
印　　次：2015 年 6 月第 1 次
定　　价：98.00 元

本社网址：www.jccbs.com.cn　　　公众微信号：zgjcgycbs

前 言

莱琦楼梯是使用莱琦锻造铁艺立柱和实木扶手构建的一类铁木结合户内楼梯类型。

铁木结合楼梯较之全实木楼梯，在款式、风格和颜色方面有更多变化和选择，能够适应不同装修风格和不同消费群体的差异化需求，使得铁木结合楼梯逐渐成为消费风潮。

值得一提的是，楼梯结构中的铁木结合理念，是中国传统文化中五行生克、阴阳消长的哲学思想在室内装修实践中的具体体现，铁的引入使得构成家居环境的五行要素更加齐备，家居生态的阴阳属性得以调和，有利于形成促进居者身体健康、家庭和睦和事业兴盛的正能量，因此楼梯界有"铁木结合 阴阳平衡"的说法。

莱琦楼梯是铁木结合楼梯的精品、典范和发展风向标，其突出特点体现在原创性、观赏性和文化性三个方面。

莱琦楼梯的原创性体现在所用立柱的花型、立柱材料的方圆变换与粗细搭配以及楼梯整体设计都是原创，而且莱琦楼梯处在不断创新之中，新产品新款式不断推出，在满足时尚化、差异化需求的同时，也为中国楼梯行业注入生长和演化的原动力。

莱琦楼梯的观赏性体现在制作工艺的精良和外观效果的和谐上。莱琦立柱全部采用手工锻打成型，工艺价值远超铸造成型；莱琦立柱采用了方圆变换、上下变径的独特用料方式，所带来的视觉效果丰富而独特，配上莱琦所追求的自然、和谐、饱满的表面色彩体系，让莱琦楼梯真正拥有远观近赏皆相宜的宜人属性。

莱琦楼梯的文化性具体体现在立柱花型和排列造型所表达的寓意和意境上。例如"芭蕾"款式，以"足尖凝驻，步入冰清玉洁的童话"做隐喻，点明立柱花型象征芭蕾舞者掂起的脚尖，沿梯排列的立柱是步步延伸的舞步，让人不由地遐想楼梯的尽头必定是冰清玉洁的童话世界。这样的意境无论是行者还是观者都会觉得妙不可言。

本图集所收录的是莱琦设计团队近年来的设计成果，感兴趣的朋友可以到莱琦天猫（http://lecky.tmall.com）或莱琦京东（http://lecky.jd.com）旗舰店参观选购，也可以到莱琦在全国各地设立的服务商实体店参观实样。

本图集适合终端业主、楼梯业者、装修业者、建筑师、家装设计师以及相关从业人员借鉴参考。

莱琦官网：www.lecky.cn

热线电话：4006807987

电子邮件：sales@lecky.com.cn

传真：010-64875742

QQ：2214265760

LQ015401 【满庭芳】 奢华拱列，满庭芳菲，喜悦漫漫。

【芭蕾】足尖凝驻，步入冰清玉洁的童话。　LQ080000

4

LQ001603　　【爱琴海】　爱如海潮，生生不息。

【玉立】 玉质端庄，婀娜趁步。

LQ052500

LQO66800 【开心】 心若开朗，宇宙便豁然洞开。

【中国元素】 铁艺也可以是很中式的。 LQ068100

LQ061900 【绽放】 一路走来，一路朵朵盛开。

【音乐之声】 欢乐缭绕，从未走远。

LQ074200

LQ035800　【祥云】　一枚枚吉祥云印，跟随着每天时尚的步伐

【韵竹】 亭亭修竹，潇潇雅意，余韵幽远。 LQ021200

LQ005801　【凤之象】　吉祥绮丽，有凤来仪。

【同心结】永结同心，不负天地诺言。　　LQ007600

LQ017700

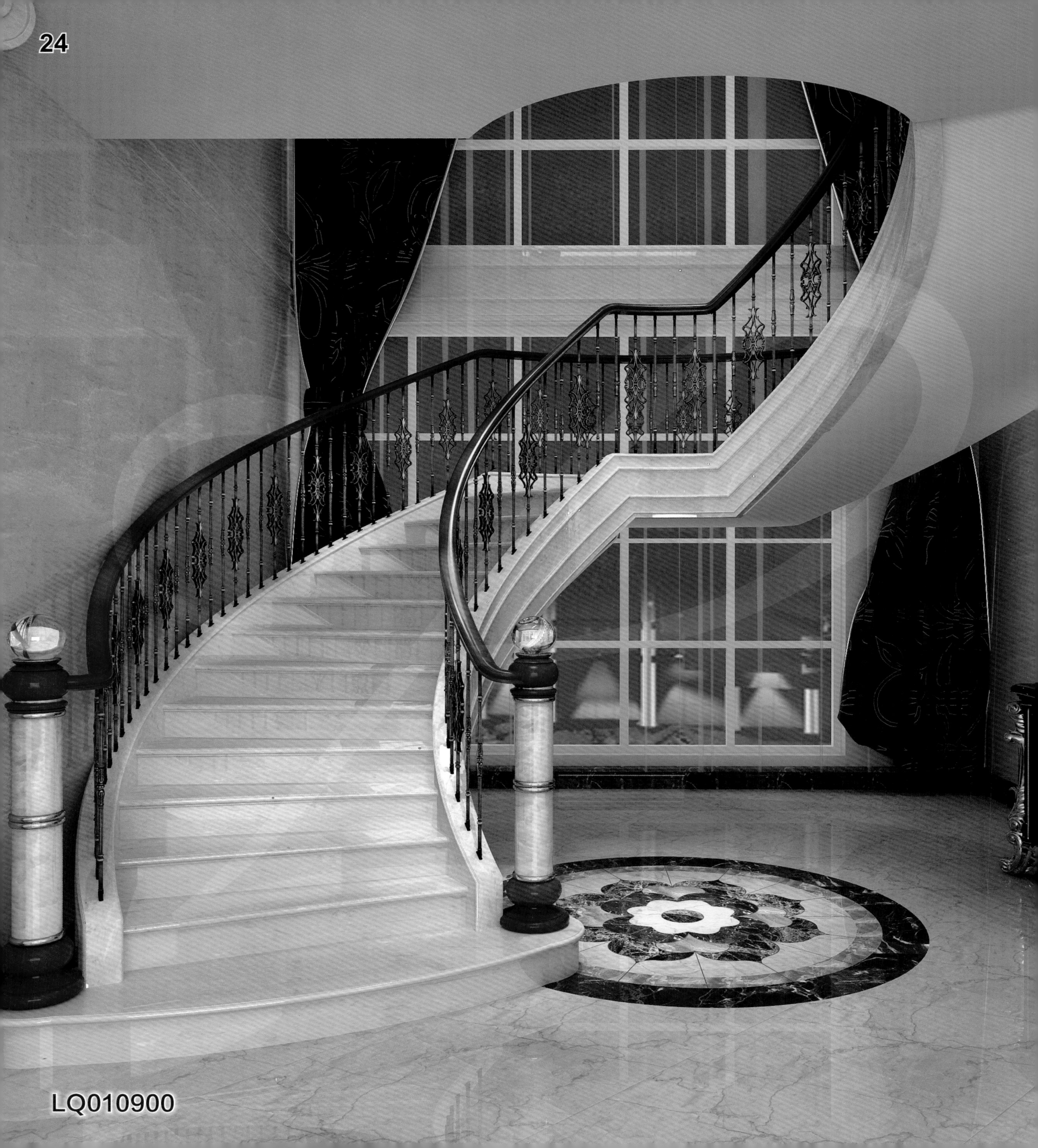

LQ010900

LQ013801

LQ014300

LQ019900

LQ032500

LQ062900

LQ055200

LQ047200

LQ043100

LQ062000

LQ065900

LQ070701

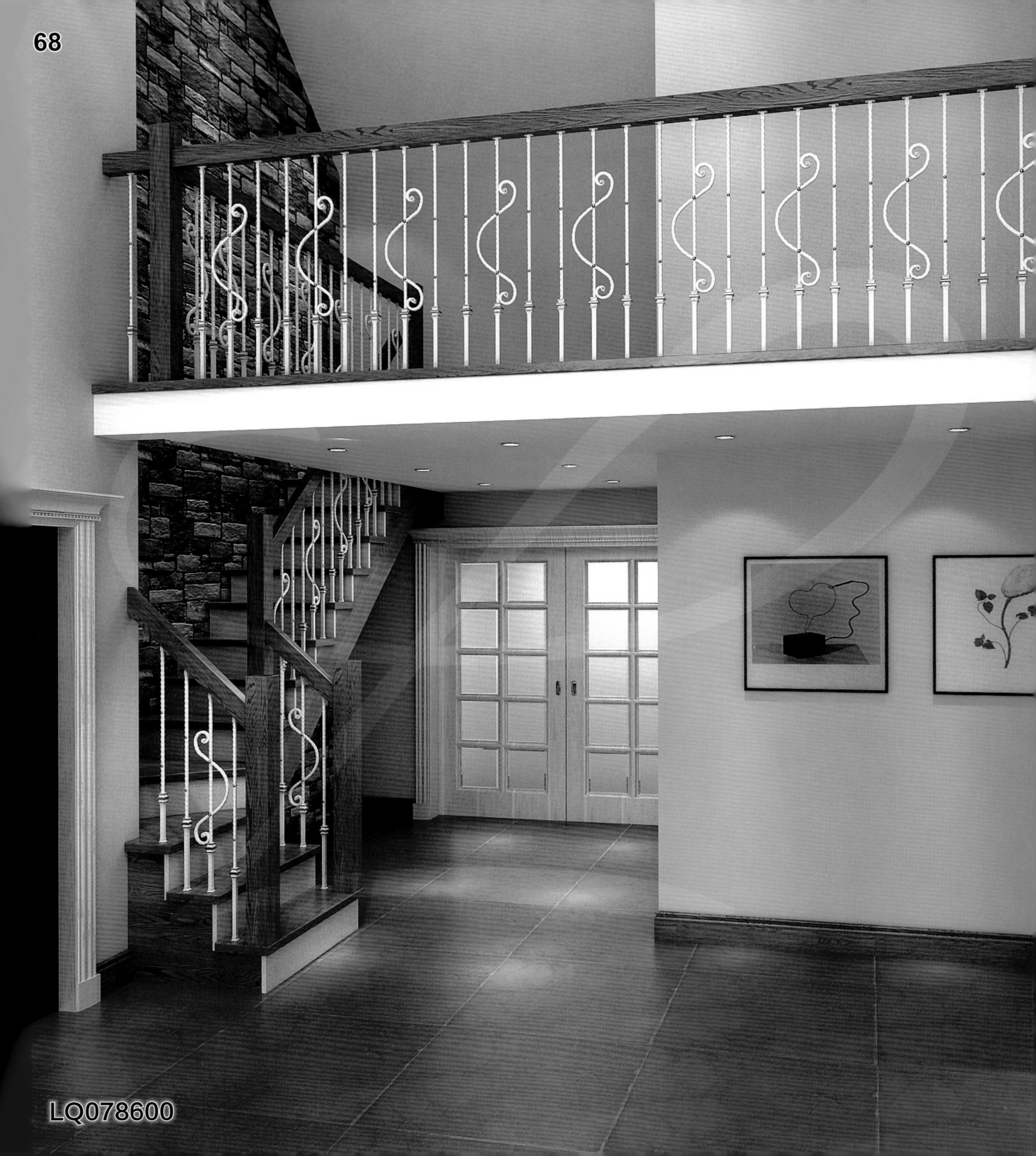

LQ078600

LQ044003

LQ044000

LQ059300

LQ056200

LQ019102

LQ002100

LQ034702

LQ071100

LQ092201

LQ074100

LQ069400

LQ084500

LQ066601

LQ046500

LQ066200

LQ090100

墨黑亮金　　　墨黑红铜　　　亚白亮金　　　铁灰亮金

001

002

003

004

005

006

007 008 009 010 011

012 013 014 015 016

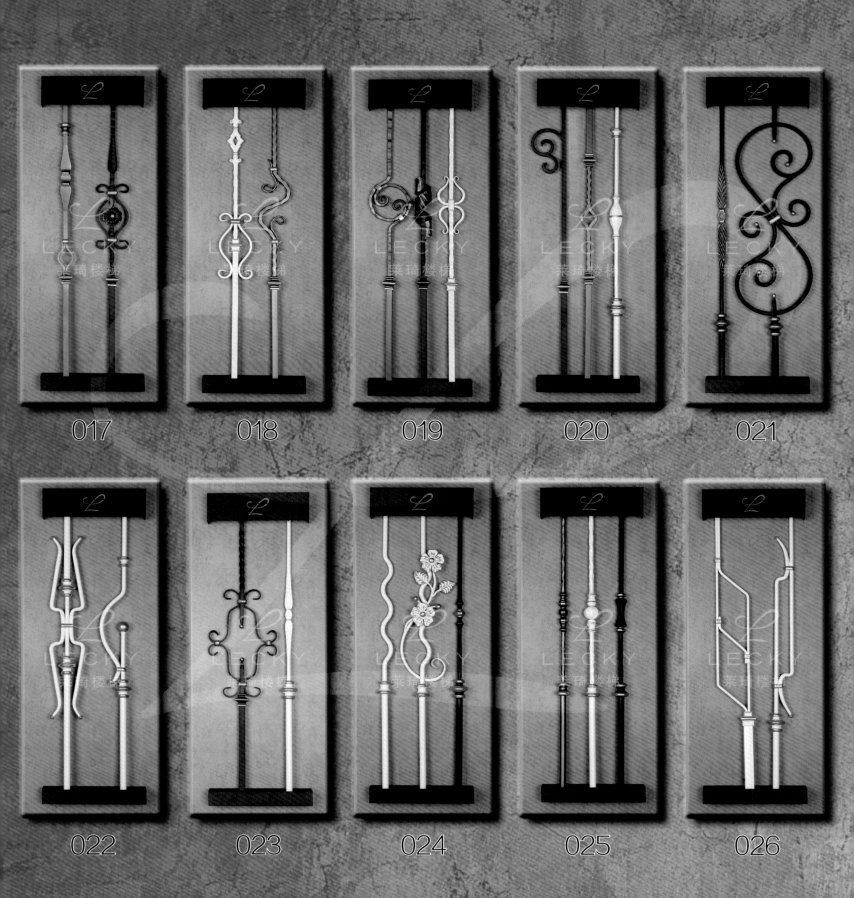

017 018 019 020 021

022 023 024 025 026

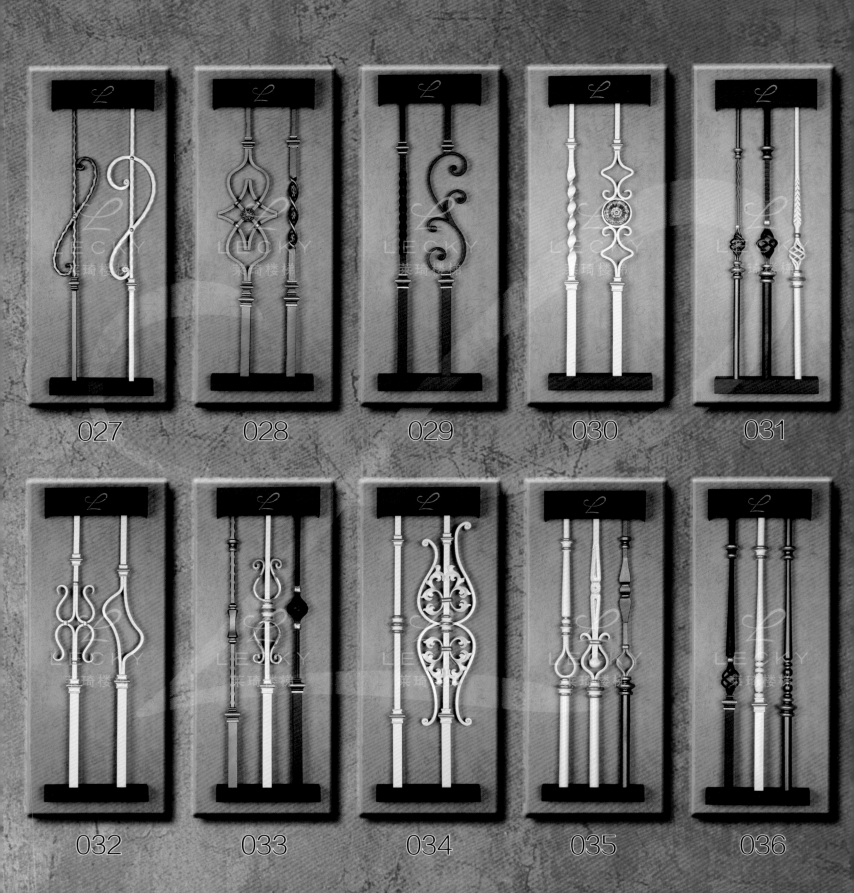

027

028

029

030

031

032

033

034

035

036

037

038

039

040

041

042

043

044

045

046

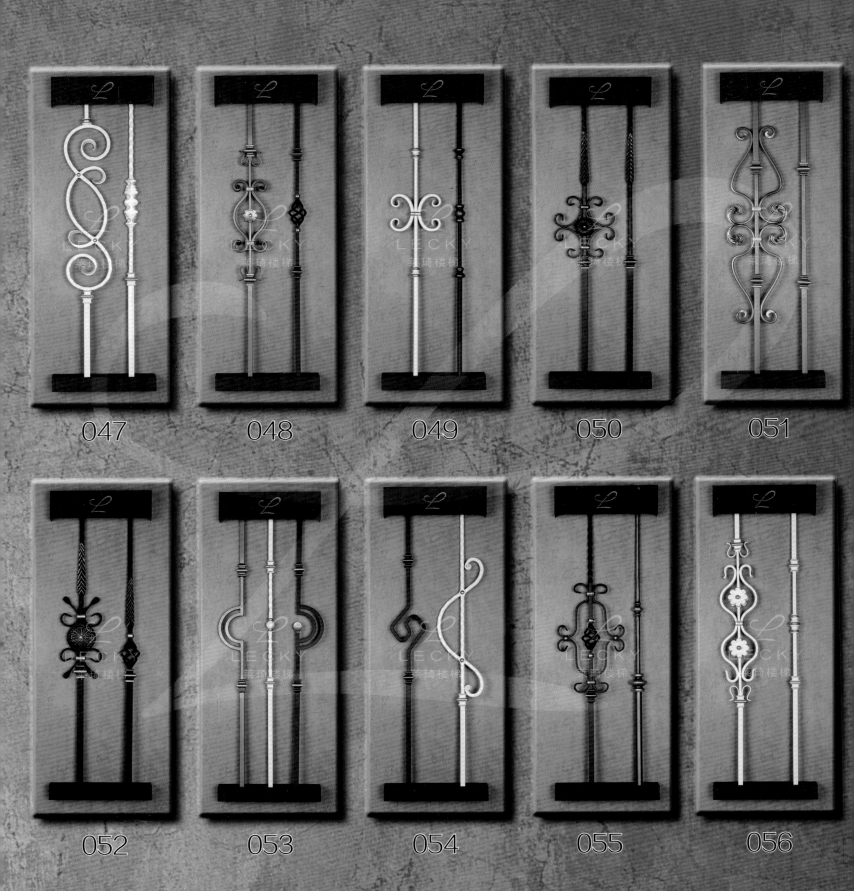

047   048   049   050   051

052   053   054   055   056